写真と文　今泉真也

月ちゃん

三恵社

僕は、沖縄に暮らしているカメラマン。
人や動物や、いろんな生きものが大好きだ。
今日は、家の近くの川で会った鳥たちのお話をしよう。

沖縄島の「コザ」という街に僕たち夫婦が引っ越してきたのは、暑い夏のこと。
たくさんの家が立ちならぶ街には市場もあって、とても活気があった。

上／旧盆の準備でにぎわう市場。サトウキビは短く切ってお供えものにする。

市場の隣には川がある。フェンスで囲われて、すぐに下りることはできないし、
僕たち人間の生活のそばにある汚された川だけれど、
じっくり見てみると、そこにはいろいろな生きものが暮らしている。

上／沖縄料理に使う豚足をあぶる、「ゴー」という音がひびく。

水の中にはティラピアたちがたくさんいる。
外国から人間に連れて来られた彼らも、精一杯生きている。
いのちの賑やかさは、どんな大自然にも負けない川だ。

ティラピアは第二次大戦後の食糧不足の時、アフリカから食用として連れてこられた。

毎日同じところを見ていると、たくさんの発見がある。
川岸や空から鳥たちが魚を狙う。
幸せそうに草の汁を吸うアブラムシを、テントウムシが幸せそうに食べている。
テントウムシはアブラムシを通して草の栄養をもらい、
草は、川の水を吸いあげて生きている。

左上／夕方に活動を始めるゴイサギ。　左下／どんな場所でもティラピアは生きていく。
右上／トウワタの花で。　右下／ティラピアを捕らえたミサゴ。全長60センチに達する。

上／ティラピアと日光浴をするスッポン。
下／カワセミの頭上を飛ぶミツバチ。花の蜜集めに大忙しだ。

ある日、僕の好きな水鳥が川にいるのを見つけた。
田んぼや池にすむ、バンという鳥だ。
彼らがこの都会にも暮らしていることを知って、僕はうれしかった。
毎日のように川をのぞく生活が始まった。

成長しても、しばらくのあいだ若鳥（奥の二羽）は、親（手前）と行動をともにする。

きちんと手入れされた羽毛は水によく浮く。

川床には、周りの街の音も届かない。静かな別世界だ。

七月末、妻が「月ちゃん」と
名づけた雌が卵を産んだ。
胸に白い輪の模様があって
"月の輪熊みたい"と思ったんだ。
月ちゃんは卵を守るのがとても上手。
くちばしで卵の位置を器用に変える。

親鳥のいないあいだ、
巣には灼熱の太陽が照り、
捕食される危険も増える。
月ちゃんは夫と協力して、
卵をそれらから守るんだ。
ヒナの誕生が待ち遠しい。

上／月ちゃんたちが出かけている間にすばやく撮影。
近くで見る卵は、思ったよりも小さかった。

炎天下、月ちゃんたちは卵を守るのに必死。
数分おきに水につかり、お腹を冷やす。
口をあけ、ハアハアと、とても暑そう。
夫は水草を何度も集めて、巣の補強に懸命だ。

上／遠隔操作で撮影。
下／卵が大好物の天敵・マングース。

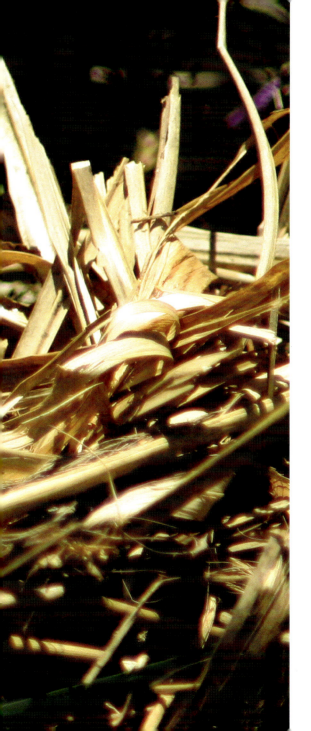

月ちゃんの視線を追っていると、
細やかな表情の変化に驚く。
それまで僕は、鳥は表情の乏しい
生きものだと思っていた。
けれども乏しいのは、
僕の「見る力」のほうだったのだと思う。
月ちゃんが、愛おしい卵のもとに帰ってきた。

抱卵を最初に確認してから二週間。八月になった。
今日は雨。月ちゃんは暖かそうな羽毛に水玉をのせ、
いつものように卵を抱いている。夫の姿は見えない。
彼がよく働くので、今では「ダンナさん」と親しみをこめて
呼ぶようになっていた。

晴れには日差しや高温から。雨天には寒さから。お母さんたちの体温に守られて、卵の中のいのちは順調に育っていくんだな、と、僕はその姿を安心して見まもっていた。

そのうちに雨が強くなってきた。
僕は雨具を取ってこようと、家に急いで走った。

すぐに戻ってみると、水位がぐっと上がった川の姿が目に入った。

なんということだろう。
月ちゃんの巣が水につかりはじめている。

やがて、卵が水没してしまった。
でもこのまま水が引いていけば、
短時間なので卵は死なないはず。
また月ちゃんが暖めれば大丈夫。

けれど、水流はますます強くなっていく。
もう僕が川に降りられる状態ではなかった。
浮きあがり、分解していく巣を
月ちゃんは必死に押さえつけ、
編みなおそうとする。

とうとう巣は、
月ちゃんを乗せたまま、
ゆっくりと動きだした。
彼女は水中に何度も潜っては、
巣を固定しようと試みる。

やがて、巣は完全に浮きあがり、卵をのせたまま流れていった。
すぐ下流では、ほかの川からも水が流れこみ、濁流が逆巻いている。
その中に卵は消えていった。

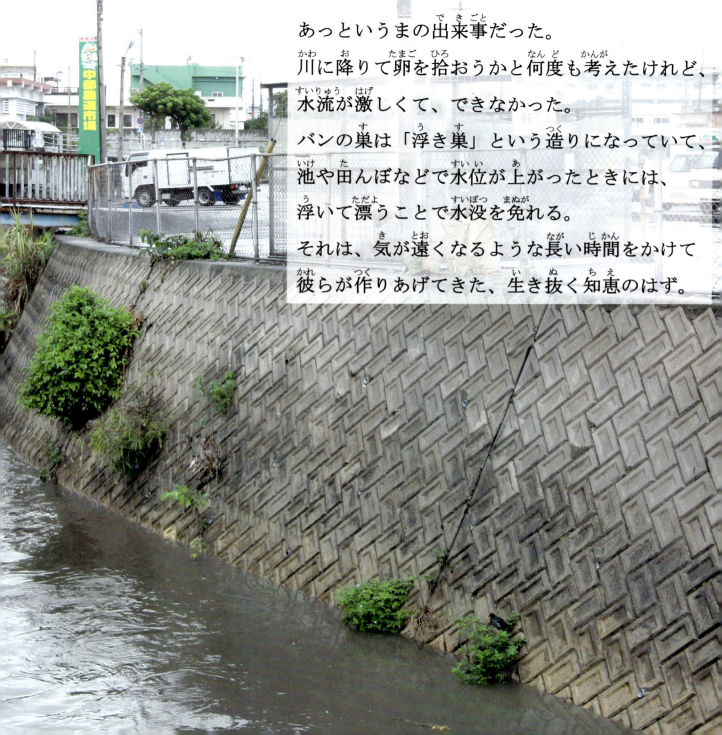

あっというまの出来事だった。
川に降りて卵を拾おうかと何度も考えたけれど、
水流が激しくて、できなかった。
バンの巣は「浮き巣」という造りになっていて、
池や田んぼなどで水位が上がったときには、
浮いて漂うことで水没を免れる。
それは、気が遠くなるような長い時間をかけて
彼らが作りあげてきた、生き抜く知恵のはず。

街は今、多くの場所がコンクリートで固められている。
だから雨水は、一気に川へと流れこむ。
月ちゃんは九月末までに三回卵を産み、そのすべての卵を失った。
何が、いけなかったのだろう。

その後、僕たち夫婦は息子を授かり、離れた街に引っ越した。
でも、ときどき親子でこの川のそばを通ることがある。
そんなとき、彼にはここを「月ちゃんの川」だと話している。
どんなことが起きたかは、まだ小さな息子には話せていない。

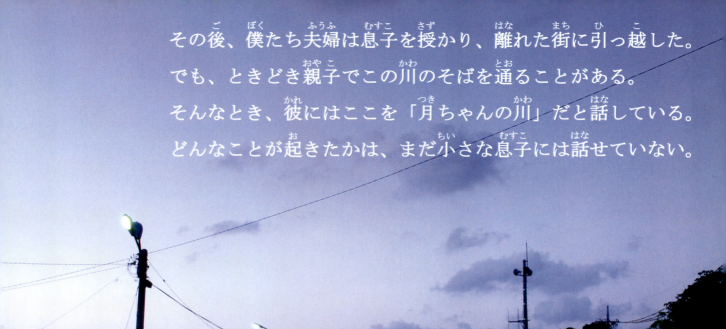

月ちゃんたちは、ずっとここで暮らしてきた。
彼らも、彼らのお父さんやお母さんも、
おばあちゃんやおじいちゃんも、ずっと昔から、
たぶん、僕ら人間が暮らすようになる前から、ここで暮らしてきた。
それが続けられなくなっているのだとしたら、
何が問題なのだろう。

僕はカメラマン。大事なことを写真で伝えるのが仕事だ。
今回見たことをどうすればいいのか、まだ答えは出ない。
けれど、どうすればいいのか、考え続けることはできる。
そして、小さなことから、行動することはできる。
いつか、この川で、かわいいヒナ鳥に会えるように、と。

■著者略歴

沖縄在住の写真家・映像作家。沖縄から人と自然のいのちの有り様を発信し続けている。
日本風景写真家協会会員。
ホームページ　www.shinyaimaizumi.com

月ちゃん

2018年　9月　1日　　　初版発行
2023年　7月10日　　　初版第5刷発行

写真と文　今泉真也

定価（本体価格1,750円＋税）

発行所　株式会社 三恵社
〒462-0056　愛知県名古屋市北区中丸町2-24-1　TEL 052-915-5211　FAX　052-915-5019
URL http://www.sankeisha.com

ISBN978-4-86487-919-4 C8793 ¥1750E

本書を無断で複写・複製することを禁じます。
乱丁・落丁の場合はお取替えいたします。